本书由北京师范大学天文系教授、博士生导师夏俊卿先生
担任科学顾问，特此致谢。

图书在版编目（ＣＩＰ）数据

时间的历史 / 歪歪兔童书馆编绘. -- 北京：海豚出版社，2018.8
（身边事物简史丛书）
ISBN 978-7-5110-2701-6

Ⅰ. ①时… Ⅱ. ①歪… Ⅲ. ①时间—儿童读物 Ⅳ. ① P19-49

中国版本图书馆 CIP 数据核字 (2018) 第 161218 号

时间的历史

歪歪兔童书馆 / 编绘

出 版 人：王 磊
策 划：宗 匠
监 制：刘 舒
撰 文：宋 文
绘 画：徐敏君
封面手绘：宗祖儿
装帧设计：李婷婷 侯立新
出版统筹：于晓艳
责任编辑：许海杰 李宏声
责任印制：于浩杰 蔡 丽
法律顾问：中咨律师事务所 殷斌律师

出 版：海豚出版社
地 址：北京市百万庄大街 24 号 邮 编：100037
电 话：(010) 85164780（销售） (010) 68996147（总编室）
传 真：(010) 68996147
印 刷：北京华联印刷有限公司
开 本：16 开（889 毫米×1194 毫米）
印 张：6.75
字 数：30 千字
版 次：2018 年 8 月第 1 版
印 次：2018 年 8 月第 1 次印刷
印 数：10000 册
标准书号：ISBN 978-7-5110-2701-6
定 价：68.00 元

身边事物简史

时间的历史

歪歪兔童书馆/编绘　　宗　匠/策划

海豚出版社
DOLPHIN BOOKS
CIPG 中国国际出版集团

目录

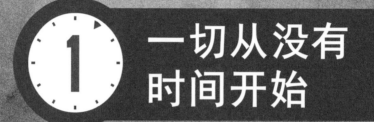

1 一切从没有时间开始

时钟滴答作响，时间在不断流逝；即使钟表停了，时间也依然不会停下脚步。

上一堂不那么喜欢的课时，你会觉得时间好漫长；可课间休息的时间总是一下子就过去了。时间就是这么奇怪的东西。

时间到底是什么？它为什么总朝一个方向前进，从不回头？时间会有停止的那一天吗？

如果时间就此停下，世界一直保持现在的样子，爸爸妈妈不会变老，而你也永远只是小孩子，你会喜欢吗？你有没有想过，完全没有时间的世界会是什么样子？

在很久很久以前，没有你，没有爸爸妈妈，没有房子和街道，没有花草树木，甚至整个地球和整个宇宙也根本都不存在。当然，也没有时间。

盘古开天地

传说，在最早最早的时候，天和地还没有形成，没有东南西北，也分不出上下左右，到处都是混混沌沌的一片，世界像个浑圆的鸡蛋。

在这一片混沌之中，人类始祖盘古在沉睡着。后来，他终于醒了，手一伸，摸到一把斧子。盘古抡起斧子使劲一劈，这团混混沌沌的东西就被分开了。轻而清澈的东西不断往上升，慢慢变成了天空；重而浑浊的东西不断往下沉，形成了广阔的大地。盘古也在不断长高，他头顶着天，脚踩着地，不让天地合拢。他哭泣时，泪水像大雨倾盆而下，在地面汇聚成江河湖海。他叹气时，呼出的气变成了阵阵狂风。他眨眨眼，天空便打起闪电。他睡觉时鼾声大作，天空便传来隆隆的雷声。

过了很久很久，盘古死去了，他的双眼变成了太阳和月亮，身躯化作了高山，头发和汗毛变成了树木和花草。于是，一个欣欣向荣的世界出现了。

用六天创造世界

在西方国家的传说中，是无所不能的上帝创造出了天地万物。

最早的世界一片黑暗虚空。第一天，上帝说："要有光！"于是光明出现了，有了白天和黑夜之分。第二天，他创造了空气和天空。第三天，有了陆地和海洋，有了各种花草树木。第四天，上帝造出了日月星辰，太阳管白天，月亮和星星管晚上。这么美好的世界，要有活物在这里生存才好呀！于是在第五天，上帝又创造了各种牲畜野兽、飞鸟虫鱼。

第六天，上帝照着自己的样子造出了人，让他们管理世上的一切。

第七天，上帝看看自己创造出来的世界，非常满意，于是就休息了。后来，全世界的人们都在星期天休息。不过，上班上学的人们在星期六也休息，还只是近二三十年的事呢！

9

宇宙大爆炸

盘古开天辟地和上帝创造世界都只是神话传说。关于这个世界到底是怎么形成的，时间是从什么时候开始的，我们来听听科学家们是怎么说的。

最早的时候，没有地球，没有太阳，没有星星，整个宇宙都还没有，所有的物质、能量、空间和时间都裹在一起，汇聚于一个极小极小的点，这个点叫作奇（qí）点，它的温度非常非常高，密度非常非常大，大到我们无法想象。大约在138亿年前，奇点突然发生了爆炸，并以比光速还快的速度急剧膨胀。下一秒钟，宇宙暴胀的速度慢下来，温度也下降了。时间、空间、物质和能量就是在这个过程中分离出来的。过了2亿年，宇宙大爆炸中飞溅出来的小粒子聚集成大团的物质，形成了一个个星星。假如能凑近点儿看，你就会知道，星星并不像我们平时在夜空中看到的那样，是闪着微弱光芒的小亮点，大部分星星都像太阳一样是巨大的、燃烧着的火球，而离我们最近的大火球就是太阳。

太阳形成之后，在宇宙间高速旋转，大量冒着火星的物质被甩出来，慢慢冷却，其中的一团形成了地球。最早的地球是一个被水蒸气包裹着的石球。后来，水蒸气变成雨水降落，在石球凹下去的地方汇聚成海洋。灰尘则覆盖在石球表面，变成了土壤。

大约 35 亿年前，海洋里出现了最早的生物。接着，先是从水里，然后是陆地上，出现了越来越多的动物和植物，直到最后人类出现。

20 世纪中期以前，科学家们一般认为宇宙没有历史，它始终都存在着。那么他们后来又是怎么做出宇宙大爆炸的猜想的呢？因为通过观测发现，那些遥远的星系正在离我们远去，越远的星系远离的速度越快，就像那场大爆炸还没有完全停息下来的样子。

这就是说，宇宙是有历史的，从宇宙大爆炸那一刻起，就有了时间。

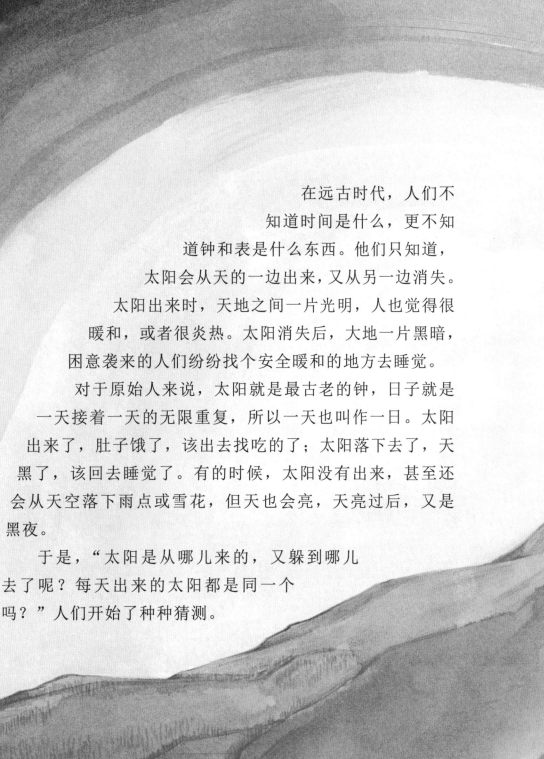

在远古时代，人们不
知道时间是什么，更不知
道钟和表是什么东西。他们只知道，
太阳会从天的一边出来，又从另一边消失。
太阳出来时，天地之间一片光明，人也觉得很
暖和，或者很炎热。太阳消失后，大地一片黑暗，
困意袭来的人们纷纷找个安全暖和的地方去睡觉。

对于原始人来说，太阳就是最古老的钟，日子就是
一天接着一天的无限重复，所以一天也叫作一日。太阳
出来了，肚子饿了，该出去找吃的了；太阳落下去了，天
黑了，该回去睡觉了。有的时候，太阳没有出来，甚至还
会从天空落下雨点或雪花，但天也会亮，天亮过后，又是
黑夜。

于是，"太阳是从哪儿来的，又躲到哪儿
去了呢？每天出来的太阳都是同一个
吗？"人们开始了种种猜测。

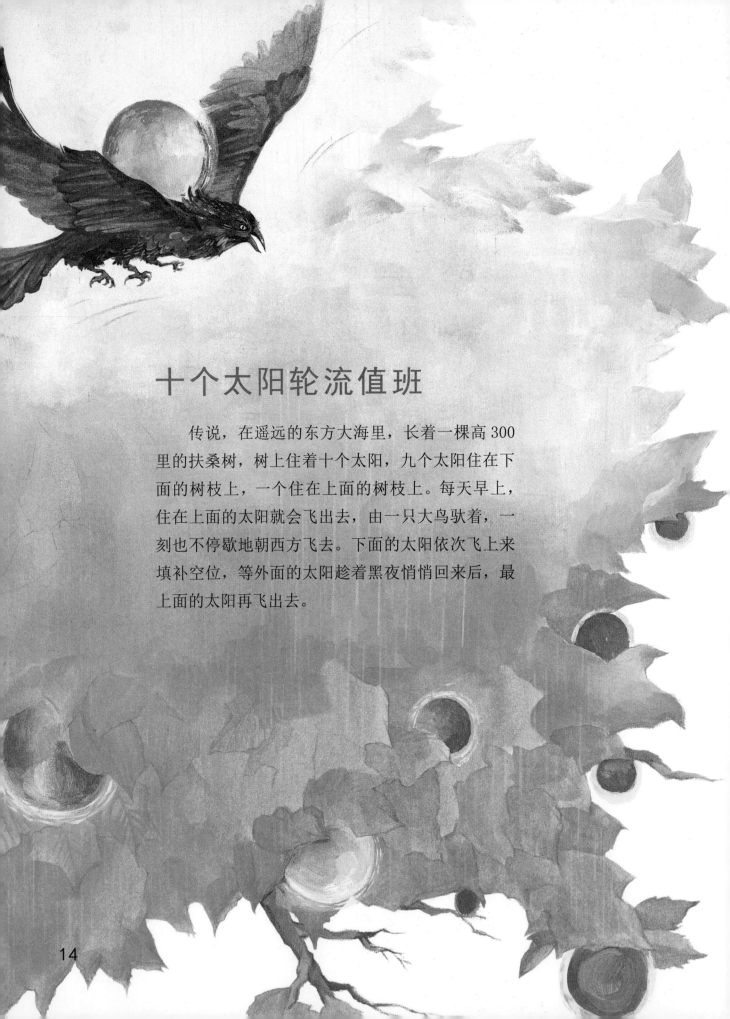

十个太阳轮流值班

　　传说，在遥远的东方大海里，长着一棵高300里的扶桑树，树上住着十个太阳，九个太阳住在下面的树枝上，一个住在上面的树枝上。每天早上，住在上面的太阳就会飞出去，由一只大鸟驮着，一刻也不停歇地朝西方飞去。下面的太阳依次飞上来填补空位，等外面的太阳趁着黑夜悄悄回来后，最上面的太阳再飞出去。

追赶太阳的人

在北方荒野的山林中，住着一群力大无比的巨人，他们的首领名叫夸父。有一年，天气非常炎热，火辣辣的太阳把地面上的庄稼都烤焦了，树木也晒死了，部族里的人纷纷死去。夸父非常生气，说："太阳实在是太可恶了，我一定要把它捉住，让它听从人的指挥。"

于是，这天太阳刚刚升起，夸父就朝着太阳跑去。太阳在天空中飞得多快呀，但夸父在地面上跑得更快。眼看着离太阳越来越近了，夸父被烈日烤得越来越热，口渴得不行。他在黄河和渭河边喝水，把两条河都喝干了，还是渴，又去大湖里喝水。可是最后，他还是在半道上渴死了，手中的木杖化成了一片茂密的桃林。

夸父追日的传说表达了远古人类想要征服自然的愿望。虽然人类无法控制太阳，不过，人们完全可以对太阳了解得更多。

3 用影子测量时间

2500 年前的春秋时期，齐国的国君齐景公任命田穰苴（ráng jū）为将军，又任命自己宠信的大夫庄贾（gǔ）为监军，出兵抵御来犯的晋国和燕国军队。

接受任命后，田穰苴和庄贾约好，第二天中午准时到军营商谈军事。庄贾走后，田穰苴骑马来到军营，在地上竖起一根木杆看太阳的影子，又把漏壶装满水开始漏水计时。第二天，当木杆的影子落到了正北方，漏壶也显示中午已经到了，庄贾却还没有来。原来，庄贾仗着自己是国君的宠臣，根本就没有把新当上将军的田穰苴放在眼里，也没把中午的约定放在心上。他在家中大摆宴席，忙着和亲朋好友喝酒话别，直到太阳西下才醉醺醺地来到军营。

田穰苴非常愤怒，他叫来军法官问："过时不到，按照军法应该怎么处理？"军法官说："当斩！"庄贾这才吓得面无人色，赶紧让手下的人去找齐景公求情。可派出去的人还没回来，田穰苴就已经下令把庄贾斩了。

从这个故事可以看出，在春秋时期，圭表和漏壶已经成为普遍的计时工具。与原始社会相比，这时人们的时间观念也大大加强了，尤其是在军国大事上，迟到的人甚至会付出生命的代价！

移动的日影

　　早期的人们日出而作、日落而息，根本不需要计量比较具体的时间。到后来，一个部落中的人越来越多，住得越来越分散，大家要聚在一起开个会，总要定个时间吧。再到后来，有了国家，国君要上朝，官员们要上班，国家之间不时还要打仗，大军出发、发动攻击都需要统一时间。这些时候光靠太阳升起、太阳落下这样大致的计时就不行了。

　　人们发现，太阳会给地面上的物体投下影子，而且，影子还会随着时间的推移慢慢移动。根据这一发现，人们想出了用日影测量时间的方法。这样，人们就可以在一天之内区分出更细致的时间啦！

最古老的计时工具

中国最古老的计时工具叫作表，几千年后的今天，我们的计时工具仍然叫作表。不过，最古老的表我们自己就可以制作，它就是一根插在一天之中阳光都能照到的地面上的杆子。

每天正午，杆子的影子会落到正北方，而且，影子的长度每天都会发生细微的变化。人们便在杆子北边的地面上做记号，记下影子的长度。这样便发展出了圭表，就是在表的下面装上一把南北向平放着的尺子，称为圭，圭和表合称圭表。

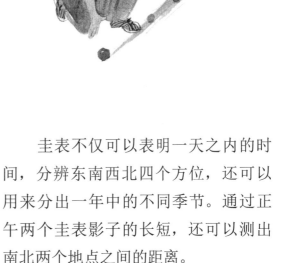

圭表不仅可以表明一天之内的时间，分辨东南西北四个方位，还可以用来分出一年中的不同季节。通过正午两个圭表影子的长短，还可以测出南北两个地点之间的距离。

700 多年前，元代科学家郭守敬在河南登封创制了一座 10 多米高的圭表，并根据它测出的数据计算出一年的长度为 365.2425 日，和我们现在使用的日历认定的一年是相同的。我们现在用的日历是公历，它的制定比郭守敬编制的日历晚了 300 多年。

太阳钟

去故宫参观时，你会在太和殿前面看到一块斜放着的石圆盘，圆盘的上下两面都刻着刻度，石盘中心插着一根垂直于盘面的铁针，这个叫日晷（guǐ）。晷就是太阳投射的影子，日晷就是一种用影子来计时的工具。

日晷有点儿像把指针立起来了的时钟，也被人们称为太阳钟。太阳出来后，在天空中渐渐向西移动，晷针投在石盘上的影子也随之慢慢移动。它移动的方向正好和表盘、钟面上的指针一样，都是顺时针方向。这并不是巧合，钟表被发明出来时，人们正是按照日晷上影子移动的方向设定了指针转动的方向。

太阳高度较高的夏半年（春分到秋分），看石盘上面的刻度；太阳高度较低的冬半年（秋分到来年春分），看石盘下面的刻度。

不过，日晷只能在出太阳的日子里使用。到了晚上，或者遇到阴雨天，日晷就没法指示时间了。

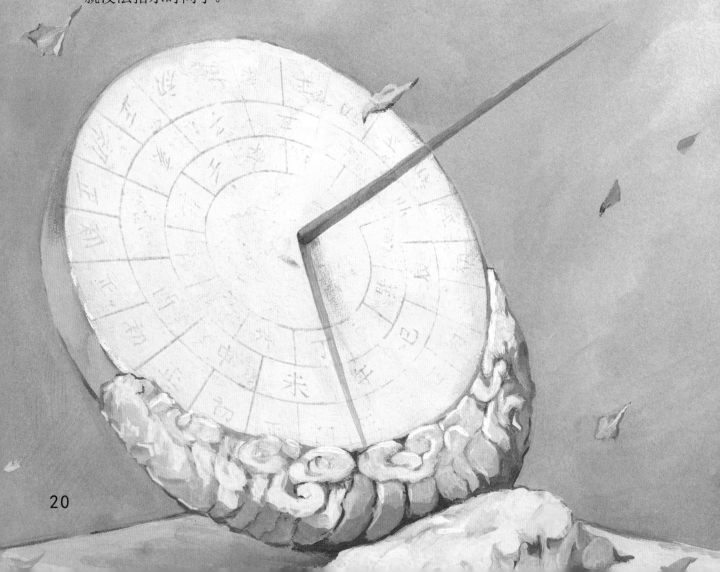

一寸光阴一寸金

中国有句俗语叫"一寸光阴一寸金，寸金难买寸光阴"，光阴指的是时间，这句话的意思就是说时间比金子还宝贵，一寸长的金子都换不来一寸长的光阴。

我们说到时间时会说一小时、一刻钟、几分钟，为什么俗语里的光阴却是按寸算的呢？就是因为古代的人们是用日晷来测算时间的。日晷上的指针投下的影子早上长，越到中午越短，过了中午又慢慢变长，一寸光阴指的就是影子变长或变短一寸所用的时间。至于一寸光阴到底是多久，并不是一定的。不同日晷上的指针有长有短，影子变动一寸所用的时间也是不一样的；不同的季节，影子的长短变化也不一样。总之，一寸光阴指一段很短暂的时间。

从这句俗语也能看出古人对时间的珍视。古人虽然没有计时精确的钟表，却已经把时间看得像金子般宝贵。

埃及方尖碑

　　4000 多年前，古埃及人在开阔地带竖起巨大的方形尖顶石柱，叫方尖碑。在阳光下，方尖碑就像一根直刺蓝天的暴针，人们通过它在地面投下的影子来判断时间。

苦行僧的手杖钟

日晷、方尖碑都是几百斤甚至几百吨的大家伙，谁也不能背着它们赶路。所以，在没有现代钟表的时代，人们一般都是通过看太阳在什么方位来判断时间。不过，对于那些整天在太阳下赶路的人来说，总抬头看太阳，眼睛都会看花吧！

在古印度，许多虔诚的僧人不辞辛劳长途跋涉，到遥远的圣地去朝圣。为了更方便地掌握时间，苦行僧把他们随身携带的手杖做成了钟。这种手杖的上部打有横向的孔，孔里插一根木钉，孔下面刻有刻度。僧人们要看时间时，便提起手杖顶上的绳，让手杖垂直向下，再看木钉的影子有多长，就知道这时是什么时间了。这种手杖不是常见的圆形，而是做成八角形，总共八面。因为不同的季节影子长短会有很大的不同，手杖分成八面后，每一面管半个季节，看时间就更准了。

N↑

4 太阳不总是从东方升起

23°26'N

0°

如果你经常观察日出和日落，就会发现，大部分时候，太阳并不是从正东方升起，也不是从正西方落下。冬天，太阳从东南方升起，西南方落下；夏天，太阳则是从东北方升起，西北方落下。而且，冬天的太阳慢慢滑过天空时，在比较低的位置，所以正午的阳光能透过窗子照到屋子深处；夏天的太阳却在天空较高的位置，正午的阳光也不会照进窗子里来。

这种变化是因为，地球是侧着身子一边自转，一边绕着太阳转动的。太阳光有时直射北半球，有时直射南半球，因而有了季节之分，有了春夏秋冬四个季节组成的一年。

有一点要说明的是，从远古时代一直到现在，地球上的大部分人都住在北半球，所以这本书里在谈到太阳的运行轨迹、季节变换、昼夜长短时，都是就北半球而言的。南半球会是什么样，你也可以自己想想看。

0°

23°26′N

↓N

一年有多长

现在我们知道，地球绕着太阳转完一圈就是一年，但这对于古代的人们来说是难以想象的。古人不知道地球是圆的，而且还会绕着太阳转。我们的祖先认为，我们住在一块非常非常大的方形土地上，上面倒扣着一口大铁锅似的天空。

但人们通过观察太阳的影子，从中发现了规律。他们把中午影子最长的那一天定为冬至，最短的那一天定为夏至。影子最长的那一天过去后，到下一次影子又变到最长的一天，这中间就是一年。

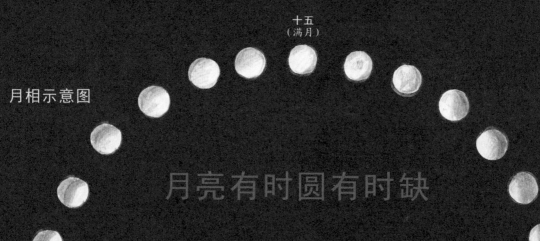

月相示意图

十五
（满月）

初八
（上弦月）

二十二
（下弦月）

初一
（新月）

三十

月亮有时圆有时缺

人们把一个白天加一个黑夜称为一天，又通过观测影子的长短和感受冷暖变化来确定一年。那么，在一天和一年之间，还有什么时间分割吗？

当然有，你可能已经想到了。白天，天空中会有太阳。晚上，天空中会有月亮。不过，月亮可比太阳调皮多了，它不会每天老老实实地在差不多的时候出来和落下，有的时候它是圆的，有时只是一个弯弯的月牙，有时还干脆消失不见了。人们正是通过对月亮形状的观察，发现了新的规律。人们发现，每两个月圆夜之间，相隔的天数是一样的，于是便把这一段时间称为一月。

一年有多少天

　　现在，我们知道了一天、一月、一年。那么，一月有多少天？一年有多少天？一年又有多少个月？这可是一堆相当复杂的问题。

　　因为一年、一个月包含的天数都不是整数，从古到今，人们为了算准这些数字，伤了不少脑筋。地球绕着太阳转一圈是一年，需要的时间是 365 天再多出 5 个多小时；月亮绕着地球转一圈是 29 天再多出 12 个多小时。你看，这可怎么算呢？为了让日历和季节保持一致，人们想到的办法是往日历里加月、日，这些加进去的月和日称为闰月、闰日，有闰月或闰日的年份叫闰年，没有的叫平年。

恺撒大帝的日历

2000 多年前，罗马的恺撒大帝制订了新的日历，一年 12 个月，大月 31 天，小月 30 天。一年为 365.25 天，每四年就会多出来一天，这一天被加在 2 月底，多加了这一天的年头叫闰年。他还用自己的小名命名了 7 月（July），后来，8 月（August）又以他的侄子奥古斯都命名。

恺撒大帝定的一年比实际上的一年多出了 11 分钟。这样的日历用个几年也觉不出什么麻烦，毕竟一年才多 11 分钟。可是等这套日历一直用了1000 多年，到公元 1582 年，日历错了快两个星期了。于是，罗马教皇格里高利十三世决定重修日历。

首先，他把多出来的 10 天去掉了，

1582 年 10 月 4 日过去后直接就是 10 月 15 日。他还规定，公元年数能被 4 整除的是闰年，但当公元年数以"00"结尾时，必须能被 400 整除才是闰年。比如说，2000 年是闰年，但 2100 年就不是闰年。这样调整过后，每年的平均长度还是比实际上的一年长 26 秒，3300 年后会多出来一整天……那就到时候再说吧！

教皇修订的这套日历叫格里高利历，俗称公历——没错，就是我们现在使用的日历。六一儿童节到啦，十一国庆节放七天假啦，依据的都是公历。

有的小朋友可能会想到，那还有五月初五端午节、八月十五中秋节呢？这些节日用的都是另一套日历——农历。

1582		OCTOBER				1582
SUN	MON	TUE	WED	THU	FRI	SAT
	1	2	3	④	⑮	16
17	18	19	20	21	22	23
24	25	26	27	28	29	30

中国的农历

除夕（大年三十）、春节（正月初一）、元宵节（正月十五）、端午节（五月初五）、七夕节（七月初七）、中秋节（八月十五）、重阳节（九月初九）都是中国的传统节日，它们依据的是我国的传统历法——农历，也叫夏历，据说从夏朝时就开始有了。

农历以月亮的一个变化周期为一个月，大月30天，小月29天，一年12个月，闰年加一个闰月，共13个月。因为大月、小月不固定，所以除夕在腊月二十九或三十日，但都通称大年三十。

公元和公元前

你可能已经注意到了，很多书里在提到某一年时（你正在看的这一本也不例外），会加上"公元"两个字，这个公元是什么意思？公元1年发生了什么大事，为什么要从这一年开始算起呢？

我们前面已经说过了公历，公元就是"公历纪元"的意思。西方基督教将耶稣诞生的这一年定为公元1年，公元纪年从这一年开始。在这之前的年份则往前倒数，称为公元前多少年，比如，公元1年的前一年就是公元前1年。不过，一种有趣的说法认为，其实耶稣是公元前4年诞生的。

5 把一年分成二十四部分

我们知道，每当春天到来，各种花儿会陆续开放；夏天来了，天气会很热；秋天，有的树叶会变黄；到了冬天，很多地方会下雪。生活在远古时期的原始人对季节变化的认识也是这样。

可当远古人类定居下来，开始栽种农作物以后，光知道这些就不够了。他们需要知道什么时候该播种，什么时候能收获，什么时候雨水多，需要知道一年之中气候更细致的变化过程，于是就有了二十四节气。

立春	雨水	惊蛰	春分	清明	谷雨
立夏	小满	芒种	夏至	小暑	大暑
立秋	处暑	白露	秋分	寒露	霜降
立冬	小雪	大雪	冬至	小寒	大寒

二十四节气歌

春雨惊春清谷天，夏满芒夏暑相连。

秋处露秋寒霜降，冬雪雪冬小大寒。

上半年逢六廿一，下半年逢八廿三。

每月两节不变更，最多相差一两天。

① 立春

（2月3－5日）

春天到来，河里的冰渐渐消融，树木透出绿意。

② 雨水

（2月18－20日）

开始下雨，气温回升，头一年飞到南方过冬的大雁飞回北方。

③ 惊蛰

（3月5－6日）

随着阵阵春雷，蛰伏在土中冬眠的各种动物和昆虫被惊醒，开始出来活动。南方开始春耕。

清明

〔4月4－6日〕

春光明媚，草木茂盛，自然界一派生机勃勃的景象。更多农作物在这时栽种，「清明前后，种瓜种豆」。

春分

〔3月20－21日〕

太阳直射赤道，白天和晚上的时间一样长，从这天之后，白天变长，夜晚变短。燕子要从南方飞回来了。北方的小麦开始生长，南方开始播种水稻、玉米。

谷雨

〔4月19－21日〕

雨水明显增多，谷类作物在雨水的滋润下苗壮成长。布谷鸟鸣叫，桑树长出新叶，江南开始采桑养蚕。

33

9 芒种

（6月5~7日）

稻子、麦子等种子壳上带有细刺的有芒作物渐渐成熟，谷子、黍（shǔ）类作物开始播种。

8 小满

（5月20~22日）

小麦等夏天成熟的庄稼籽粒开始饱满，但没有完全成熟，所以叫小满。

7 立夏

（5月5~6日）

夏季开始，天气逐渐变热，南方雨水增多。

大暑

（7月22—24日）

一年之中最热的时候。细菌繁殖快，传染病容易蔓延。

小暑

（7月6—8日）

天气越来越炎热，南方、北方的庄稼都在迅速生长。

11

夏至

（6月21—22日）

太阳直射北回归线，这是太阳能直射到的最北边的地方，这一天白天最长，晚上最短。天气变得炎热。农作物生长旺盛，杂草和害虫变多。

10

35

立秋

13

（8月7—9日）

秋天来临，梧桐树开始落叶。

处暑

14

（8月22—24日）

「处」有终止、隐退的意思，「处暑」指炎热的暑天结束。农作物到了收获的季节。

白露

15

（9月7—9日）

天气转凉，清晨的露水变厚，凝结成白色的水滴。

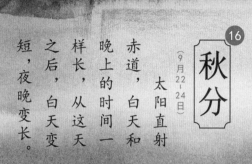

秋分
（9月22-24日）

太阳直射赤道，白天和晚上的时间一样长，从这天之后，白天变短，夜晚变长。

寒露
（10月7-9日）

17

天气变冷，露水带着寒意。

霜降
（10月22-24日）

18

天气更冷，空气中的水分遇到冰冷的物体凝结成霜，古人以为霜和雪一样是从天上落下来的，所以称为霜降。

大雪 ²¹
（12月6–8日）

下的雪越来越大，地面有可能积起厚厚的雪。积雪可以为冬小麦保温，所以有『今冬麦盖三层被，来年枕着馒头睡』之说。

小雪 ²⁰
（11月22–23日）

开始下雪，但通常只是空中飘起小雪花。

立冬 ¹⁹
（11月7–8日）

冬天开始，庄稼都已经收完，粮食收进仓库，许多动物也都躲起来准备过冬。

大寒㉔
（1月19~21日）

一年中最冷的时候。

冬至㉒
（12月21~23日）

寒冷的冬天来临。太阳直射南回归线，这是太阳能直射到的最南边的地方，这一天白天最短，晚上最长。

小寒㉓
（1月5~7日）

气候寒冷，但还没到最冷的时候，所以叫小寒。

39

东汉的汉灵帝是一个贪财爱玩的皇帝，每天都在皇宫里变着花样玩耍。有一阵儿，他喜欢驾着驴车在宫里游玩，京城里的官员纷纷模仿，引得民间驴价疯涨。汉灵帝养了许多狗，一次，他让人给狗穿上官服，狗头上戴上官帽，让狗装作官员上朝，把满朝文武官员都气得够呛。汉灵帝还在后宫仿照民间建起街市、商店，摆上货摊，让一些宫女嫔妃扮成商人叫卖，另一些人扮成买东西的客人，还有的人扮成街头卖唱的、耍猴的，他自己也装成买卖东西的人，要么和店主讨价还价，要么和顾客吵架拌嘴，或者在酒馆里饮酒作乐。

更过分的是，为了搜刮更多的钱财供自己

享乐，汉灵帝还开设了"卖官所"，各种大官小官明码标价，可以用现钱来买，没钱的还可以先赊着，等当上官后再还。那些花钱买官的人为了把本钱捞回来，上任后拼命压榨百姓。

皇帝荒唐，官员腐败，民间还有许多大地主霸占着大量的土地和财富，又加上接连不断的天灾，老百姓的日子过不下去了。

公元184年，爆发了张角领导的黄巾起义。张角打出了"苍天已死，黄天当立；岁在甲子，天下大吉"的口号，几十万起义军头上裹着黄巾，攻打郡县，打开官府的粮仓，把粮食分发给贫苦的百姓。这场起义最后虽然失败了，但东汉王朝也受到了致命的打击。

起义口号中的"甲子"指的便是公元184年这一年，这是使用的干支纪年法。对中国历史比较熟悉的小朋友可能听说过甲午战争、戊戌变法、辛亥革命，这里的甲午、戊戌、辛亥，和甲子一样，都是指的某一年。如果你够细心，会注意到我们平时使用的日历上也有干支纪年，比如2018年就是戊戌年，和发生戊戌变法的1898年正好相差120年。

天干和地支

　　天干和地支合称干
支。要知道什么是干支纪
年，我们先得知道什么是天干，
什么是地支。

　　"天干"的原意指树干，具体
包括甲（jiǎ）、乙（yǐ）、丙（bǐng）、
丁（dīng）、戊（wù）、己（jǐ）、庚（gēng）、
辛（xīn）、壬（rén）、癸（guǐ），总共十个。

　　"地支"的原意指树枝，具体包括子（zǐ）、

丑（chǒu）、寅（yín）、卯（mǎo）、辰（chén）、巳（sì）、午（wǔ）、未（wèi）、申（shēn）、酉（yǒu）、戌（xū）、亥（hài），总共十二个。十二地支还对应着十二种动物，分别是子鼠、丑牛、寅虎、卯兔、辰龙、巳蛇、午马、未羊、申猴、酉鸡、戌狗、亥猪。它们也叫生肖、属相。你是属什么的，你肯定知道吧！

用天干地支纪年，就是用天干中的一个加上地支中的一个，天干在前地支在后，形成60种组合。比如用甲子来指第一年，乙丑指第二年……按照这样的顺序，60年后，所有的组合都用完了，就重新从甲子算起，所以60年称为一个甲子。60岁被称为花甲之年，也是来源于干支纪年。

相传在黄帝时代就有了干支纪年的方法，但到东汉时才由政府向全国正式颁布干支纪年。另外，天干地支不仅可以纪年，还可以用来纪月、纪日、纪时。

7 把一天再分细一些

日历用来记载年、月、日，日晷等计时器计量的是每一天的时间。前面已经说过，远古的人们只要知道天亮天黑、吃饭干活等大致的时间就行了。后来，人类进入农耕时代，开始定居生活，生产出的产品有了富余，需要和别人交换，于是就出现了市场、城市。人们每天要定时吃饭、

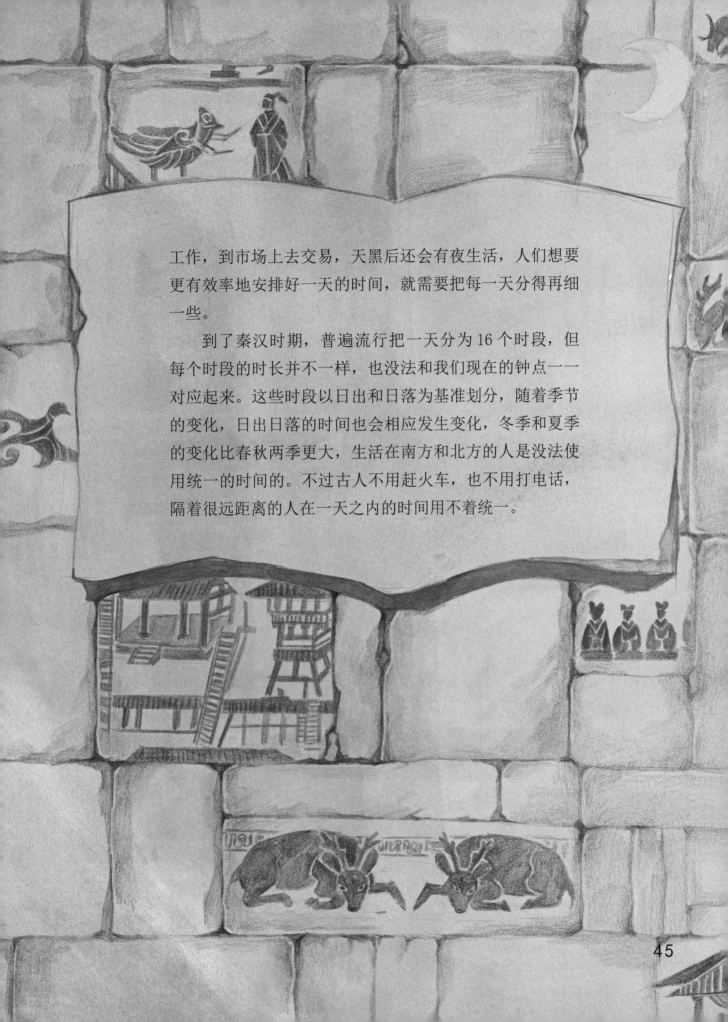

工作，到市场上去交易，天黑后还会有夜生活，人们想要更有效率地安排好一天的时间，就需要把每一天分得再细一些。

到了秦汉时期，普遍流行把一天分为 16 个时段，但每个时段的时长并不一样，也没法和我们现在的钟点一一对应起来。这些时段以日出和日落为基准划分，随着季节的变化，日出日落的时间也会相应发生变化，冬季和夏季的变化比春秋两季更大，生活在南方和北方的人是没法使用统一的时间的。不过古人不用赶火车，也不用打电话，隔着很远距离的人在一天之内的时间用不着统一。

夜半　半夜零点前后。

鸡鸣　后半夜，公鸡开始打鸣。

日出　日出时分。

早食　早上八点左右，饭吃得早的人在这时吃早饭。

晨时　天亮前的一段时间。

平旦　天亮到太阳出来之前的一段时间。

食时　吃早饭的时间。上午九点到十一点。

日未中　快到中午时，上午十一点左右。

日中
日到中天，中午十二点左右。

日昳（dié）
昳，太阳偏西。下午一点左右。

黄昏
太阳落下去到天完全黑之前的一段时间。

日入
日落时分。

哺时（bǔ）
吃晚饭的时间，下午四点左右。

下哺
晚饭过后，下午五点左右。

夜食
睡得晚的人吃夜宵的时间。

人定
人们准备上床睡觉的时间，晚上九点到十一点。

47

十二时辰

　　汉代时，标准的十二时辰纪时法确定下来，把一天一夜均分为 12 部分，十二时辰用十二地支来命名，每个时辰正好能对应现在的两个小时。唐代时，又把每个时辰分为初、正两部分，如子初、子正、丑初、丑正……每部分正好是 1 小时。

十二时辰和二十四小时对应示意图

二十四小时钟表示意图

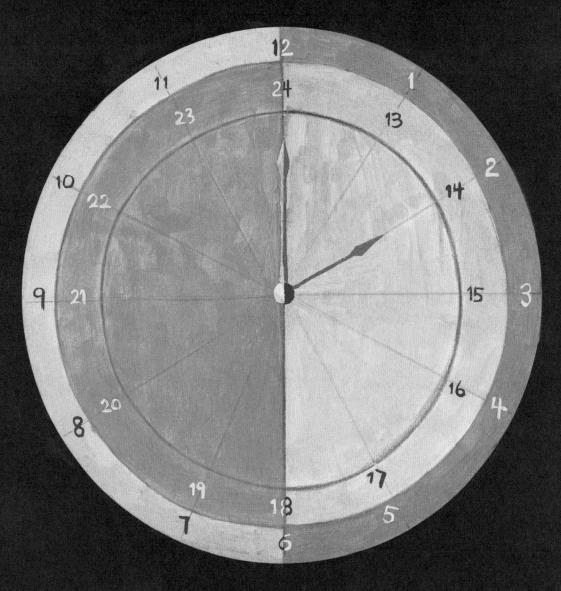

奇妙的 60

　　近 4000 年前，古巴比伦人发明了独特的 60 进制法。60 可以被很多数字整除，用起来很方便。现在，我们把圆形分为 360 度，把一天分为 24 小时，每小时分成 60 分钟，每分钟分为 60 秒，都是在 60 进制的基础上发展出来的。

　　后来，埃及人可能是受到巴比伦人的启发，把一天分成 24 个小时。他们用日晷记录白天的 12 个小时，另外 12 个小时是晚上。随着季节变化，白天、黑夜的长短也会发生改变，所以在夏天的白天，古埃及人的一小时会更长一些。

8 用水记录时间

时钟滴答滴答，没关紧的水龙头流出的水也滴答滴答。如果控制好水龙头，让它每秒钟正好滴落一滴水，我们就有了一个自制的水钟。

古代没有水龙头，但装水的容器也会漏水。新石器时代的人们已经制出了陶器来盛水，陶器用久了可能会破漏，水慢慢从容器里漏出去，过一会儿，容器

里的水少了，再过一会儿，水又少了一些。于是就有人想到，可以用这个办法来计量时间啊！要知道水到底漏掉了多少，就要在容器上刻上刻度，这种计时法叫漏刻计时法。后来的漏壶大多是铜制的，所以这套装置就叫作铜壶滴漏。

早在3000年前的周代，朝廷里就有了专门负责漏刻计时的官员，叫作挈（qiè）壶氏。壶是一个很少见的姓，据说，很多姓壶的人就是周代挈壶氏的后代呢！挈壶氏总共20人，分班日夜守着漏壶，往壶里加水，察看时间。到了冬天，还要用大鼎烧好热水，不时浇在壶上，防

止壶里的水结冰。大军出征时，每到一处扎营，挈壶氏就马上去水井边把漏壶装满水，开始漏水计时。漏壶放在井边高处，军士们远远看到，就知道这里有水井。敲着梆子巡夜的士兵则根据漏壶指示的时间报时，定时轮班。

计时越来越精确的漏壶

最早的漏壶只用一只壶，壶底部开有小孔滴水，壶里竖放着一支刻有刻度的木杆。因为漏壶多用在军队中，最早用的是箭杆，看壶里的水退到了什么刻度，就知道是什么时间了，这种方法叫作淹箭法。后来为了方便察看刻度，又有了沉箭法，在壶里的水面上放一个木块，箭杆插在木块上，随着水面下降，箭杆也慢慢下降，看露出壶口的刻度就能知道时间。

但这两种计时方法都不够精确。壶里的水多时，压力大，水漏得快，到后来水越来越少，漏得也越来越慢。于是，聪明的古人又想出了浮箭法。

浮箭法用两个水壶，泄水壶开有小孔，往受水壶里滴水，受水壶里的箭杆慢慢升起，刻度从壶口显露出来。但是，人工往泄水壶里加水总会有一定的时间间隔，刚加满水时水流得快一些，然后又会渐渐变慢，导致计时还是不够准确。后来，人们想到在两只壶之间加一个壶，这个壶一边接受泄水壶流来的水，一边往受水壶里加水，壶里的水面高度就能保持相对稳定。这叫二级漏壶。到唐代时，已经制作出了四级漏壶，四个泄水壶和一个受水壶像阶梯一样从高到低排列，进一步提高了计时精度。

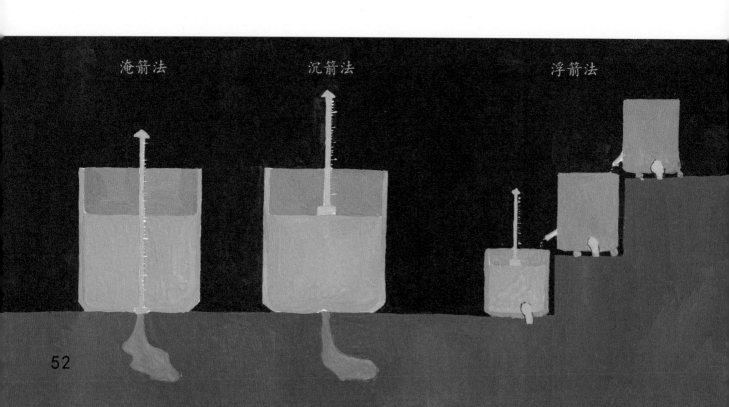

淹箭法　　　沉箭法　　　　浮箭法

到了宋代，科学家燕肃有了一个更了不起的发明。他制造的莲花漏中使用了平水壶，这个壶上部开有分水孔，当流进来的水过多时，水便会从分水孔流走。这样，只要注入的水比漏走的水略多一点儿，就能让平水壶里的水面一直保持稳定。漏刻用的浮箭白天一支，晚上一支。因为全年白天黑夜的长度会发生变化，燕肃便按照24节气做了48支长短刻度不同的浮箭，每个节气各用两支。

现在，故宫的交泰殿内保存着一座清代的漏刻壶，称为铜壶滴漏，每天正午根据日影校正一次，一天的误差只有几分钟。对于古代的人们来说，这么精确的计时已经够用了。

源远流长的一刻钟

据说，漏刻计时法在黄帝时代就已经发明了。到商代时，人们把一天一夜的时间分成100刻，每刻相当于现在的14.4分钟，这种分法使用了几千年。中间有些朝代也曾把一昼夜分为120刻、96刻、108刻。明朝末年，西方的钟表传入中国，清朝便正式把一昼夜分成96刻的制度定了下来。这样，一刻钟正好就是15分钟。

9 一炷香的时间是多长

漏刻计时虽然准确，但要制作出一套精确的漏刻可要费不少工夫，在使用过程中还要有专人照看，所以铜壶滴漏通常是宫廷、官府使用的。普通百姓家用不起这么麻烦的设备，也不需要掌握这么精确的时间。在民间，人们有自己的计时方法。

随着时间流逝慢慢变少的东西实在是太多了，比如，灯油会越点越少，蜡烛和香会越烧越短，根据这样的原理制出来的钟叫火钟。我们经常能在一些古代题材的影视剧中听到说"一炷香的时间"，这个时间到底有多长呢？

在古代，人们敬神祭祖都要用到香，后来便有了为计时而制造出的更香和时辰香，在香上标出刻度，看看香烧完了多少，就知道时间过去了多少。至于烧完一炷香到底要多长时间，并不是一定的，细而短的香 5 分钟就能烧完，再长一点儿的是 10~15 分钟，还有的香烧完一炷大约是一小时。

有的时辰香用模子做出各种弯来绕去的花样，不仅好看，也能延长燃烧的时间，长的甚至可以烧几天。还有的时辰香在每个刻度上挂一个小金属球，烧到这里时，金属球落到金属盘上发出响声，就像后来的时钟到点报时一样。

如果一盘香的若干段使用不同的香料制作，我们都不用去看香烧掉了多少，闻闻香的气味就能判断出时间了。

沙漏计时

沙漏是一种让细细的沙子从一个容器流进另一个容器里的计时器。沙漏的出现比水漏晚，它被使用了约 2000 年。和水漏相比，沙子不会结冰，但它没法像水那样均匀地流动，所以沙漏的准确性远不如水漏。现在，沙漏已经成为一种很有意思的装饰品，说不定你家里就有一个，你也可以亲手测试一下它的准确度。

大约在公元 1360 年，元朝书法家詹希元发明了五轮沙漏。沙子从漏斗形的沙池里流出来，推动轮子旋转，五个像齿轮一样的轮子一个带动一个旋转，最后一个轮子上带有指针，在时刻盘上指示出时辰。五轮沙漏已经和后来西方机械时钟的结构非常相似了。

粗略的时间

除了一炷香的时间，汉语中还有一些表示时间的词，比如日上三竿、一盏茶的时间、一袋烟的工夫、眨眼间、弹指间、刹（chà）那，等等。

"日上三竿"指的是太阳升起有三根竹竿那样高，不过，夏天和冬天的日上三竿具体时间是不一样的，总之都是指太阳已经升起老高，时间已经不早了。喝一盏茶要 10~15 分钟，抽一袋烟要 5~10 分钟。

弹指和刹那是佛经中传来的词汇，都是指很短暂的时间。据说，刹那为 1/75 秒，而人们每眨一次眼的时间是 0.2~0.4 秒。

从这些词汇可以看出，古人没有那么在乎时间，描述时间的说法很随意，具体长度也是不一定的。

10 晨钟暮鼓报时间

在北京故宫正北面 2 公里处，矗立着一座用青砖和石砖砌起来的高大建筑，这就是钟楼。钟楼里挂着一口巨大的铜钟，有两层楼那么高，用旁边悬挂在半空中的大木槌撞钟，浑厚绵长的钟声能传出 10 多里远。在古代，北京城的人们就是靠听钟楼传来的钟声才知道钟点的。

关于这口大铜钟，还流传着一个催人泪下的故事。据说钟楼里最早挂的是一口铁钟，敲出的声音不够洪亮，别说让全城人听见了，连住在皇宫里的皇帝都听不到。于是，皇帝让工匠们重新用青铜铸一口大钟。可是，要造的钟太大了，烧化的铜水凝固后总是会断裂或变形。工匠们铸了化，化了铸，三年过去了，大铜钟还没有造出来。皇帝一怒之下，下令工匠们

必须在三个月之内把钟造出来，不然，所有工匠全部处死。

　　负责铸钟的工匠头儿叫华严。他眼看着期限快到了，急得整天吃不好饭、睡不着觉，白天黑夜都在琢磨铸钟的事。

　　华严的妻子早逝，只给他留下一个女儿，这年16岁了。姑娘心思灵巧，平时跟着父亲学会了不少铜匠活儿，为铸钟的事，她也琢磨好些日子了。左思右想，她暗暗打定了主意。

　　烧最后一炉铜水时，姑娘跟着父亲到了铸钟厂。因为炉温上不去，眼看着这一炉铜水又要失败。这时，姑娘突然冲到炉边，跳进了铜水里。华严赶忙伸手想拉住女儿，却只抓到了她的一只鞋。

　　随着姑娘跳进铜水，奇迹出现了！只见炉火呼呼直冒，炉子里铜水翻滚，发出异样的光彩。华严只好忍着悲痛，下令铸钟。工匠们一起动手，这一次，大铜钟终于铸成了。

　　人们感激为铸成铜钟献出生命的姑娘，后来还专门在钟楼西边建了一座铸钟娘娘庙，来永久地纪念她。

钟楼和鼓楼

北京钟楼的南边还有一座方形的鼓楼，西安城里也有钟楼和鼓楼各一座。在古代，许多城市都建有钟楼和鼓楼，钟楼里挂钟，鼓楼里架鼓，每天按照漏刻指示的时间，定时撞钟敲鼓向全城人报时。虽然有晨钟暮鼓之说，但并不一定是早上敲钟晚上擂鼓，不同的朝代具体的规定会有不同，有时更是会钟鼓齐鸣，热闹极了。

去景点游玩时，你会发现很多寺庙里也有钟楼和鼓楼，这是因为大寺庙里僧人很多，僧人们过的是集体生活，吃饭、诵经、睡觉都有统一的时间，需要通过击鼓鸣钟向僧人们报时。

夜里的报时人

　　古代计算时间有一个很特别的地方，就是白天和晚上分开计时。漏刻使用的浮箭分为昼刻和夜刻，分别在白天和夜里使用。夜里的时间从日落开始，日出结束，一夜分为五更，每更又分为五点。一年中的大部分时候，一更大约相当于现在的两个小时，人们经常说的"三更半夜"是指半夜十一点到一点，为第三更。

　　在有些电视剧中能看到更夫深夜里在寂静的街上走着，一边敲着梆子，一边喊着："天干物燥，小心火烛！"提醒人们看好灯烛和炉火，以防火灾。实际上，更夫并不是整夜都在街上敲梆子。入夜之后，更夫便出来打第一更，人们听到梆子声便知道起更了，也就是到晚上了。更夫在街上转过一圈后，便回来守着滴漏或是时辰香之类的计时工具，到时间后再出去打第二遍更。敲第五遍更时，天就快亮了。也有的打更人敲的不是梆子，而是锣或鼓，所以五更也称为五鼓。

夜间不许出行

在唐代，都城长安城里人们居住的地方叫里坊，买卖东西的地方叫市，里坊和市是分开的。长安城里有100多个坊，各坊四周建有围墙，就像现在的小区一样。坊门早上打开，晚上关闭。每天傍晚，当漏刻的昼刻用完时，设在街上小楼里的街鼓就开始擂起闭门鼓。人们听到鼓声，要出城的就要赶紧往城门口走，住在城里的人们也纷纷往家赶。闭门鼓要擂响800下，等到鼓声停止，城门和坊门就都关闭了。第二天早上五更三点后，擂响400下开门鼓，城门和坊门打开。如果闭门鼓敲过之后，大街上还有行人，就会被巡夜的士兵当作为非作歹的人抓起来。

这种不许人们夜间在街上活动的规定称为宵禁，从周代到唐代一直都有宵禁制度。

西汉时的李广是一名能征善战的

将军，后来因为打了一次败仗被撤了职，在家里闲居。一天晚上，他带了一名随从出城，和朋友在城外喝了酒回来，路过霸陵的驿亭时已经到了宵禁的时候，霸陵的守卫拦下了他们。李广的随从赶忙上前说："这是以前大名鼎鼎的李将军。"守卫却毫不客气地说："现在的将军也不许晚上到处乱跑，更不用说什么以前的将军了！"然后把他们扣下来，第二天天亮才放行。

李广只是被扣押了一晚上。同样是违禁夜行，另一个叫蹇图的人就没这么幸运了。那是在东汉末年的都城洛阳，后来权势熏天的曹操这时正当看一个叫北部尉的小官，负责管理治安。洛阳城里住了很多皇亲贵戚，很难管理。曹操一上任，就让人专门制作了10多根五色棒挂在衙门口两边，并申明：有犯宵禁者，一律打死。一天夜里，手下从大街上抓来一个人，那人嘴里大声嚷嚷着："你们谁敢动我，我侄子是蹇硕！"蹇硕是当时皇帝最宠信的大宦官，位高权重。可曹操才不管他是什么来路，一声令下，几个手下一顿乱棍把蹇图给打死了。从这以后，京城里那些王公贵族都不敢违令夜行了。

点卯和休沐

　　"点卯"这个词来源于古代官府上班时查点人数。官员们卯时（早上5点到7点）上班，官府这时清点人数，看哪些人已经到班，称为点卯。但有些官员等查点过后就走了，后来，人们便把应付差事、点完名后就离开的现象称为"点个卯"。

　　在古代，大部分人都不用上班，种田的农民、做买卖的商人、靠技艺谋生的手艺人，工作时间可以任由自己安排，可在朝廷里当官的官员就不行了。古代没有星期

六、星期天，在汉代，官员们连续工作五天后会有一个休沐日，就是洗头发、洗澡的日子。古人都留着长发，洗了头发后要等几个小时才会干，没法盘起头发、戴上帽子去上班，于是就只能在家休息了。在皇宫上班的官员十天才有一个休沐日。唐代官员每十天休沐一次，但其他节假日比较多。

　　直到100多年前的清朝末年，大量西方人到中国长期工作和生活，他们带来了星期天休息的传统，最早从官府和学校开始，星期日休息才成为统一的规定。

11 教堂吊灯的启示

中国古代的城市靠钟楼和鼓楼向全城报时，西方国家也有钟楼，钟楼顶层挂有撞钟，敲钟人用水钟、沙钟看时间，定时敲钟提醒人们做祷告的时间到了。意大利有一座钟楼举世闻名，那就是比萨斜塔。

比萨斜塔是比萨教堂的钟楼，800多年前就开始修建。可是由于地基松软，修着修着，钟楼就慢慢歪了，人们尽力想把它弄正，但想了很多办法也无济于事。后来断断续续修了200年，钟楼终于完工。钟楼的顶层放了7口钟，因为怕钟声震倒看上去岌岌可危的斜塔，这些钟从来没被敲响过。

公元1590年，大科学家伽利略把两个重量不一样的铁球从斜塔上同时扔下，结果两个铁球同时落地，推翻了古希腊最有智慧的人亚里士多德认为重的东西会先落地的结论。

但是现在有研究认为，伽利略并没有做过这个实验。不过人们之所以编出这个故事，也正是因为伽利略从不盲目相信前人做出的结论，是一个遇事爱思考的人。

一次，伽利略在比萨教堂做祷告时，教堂顶上挂着的一盏吊灯吸引了他的注意。吊灯在空中摆来摆去，伽利略的眼珠也随着灯的摆动转来转去。他用自己平稳跳动的脉搏作为计时标准，观察了一会儿后发现，灯绳开始摆动的幅度很大，吊灯在空中要划过很长一段距离，后来幅度慢慢变小，吊灯经过的距离也越来越小。但是，不管距离是长是短，吊灯每摆动一次需要的时间却是一样的。

伽利略的这个发现启发了荷兰科学家惠更斯，他把一个摆锤装在钟表上，摆锤不停地左右摆动，作为钟的调节器，这种摆钟比以前的钟计时准确多了。

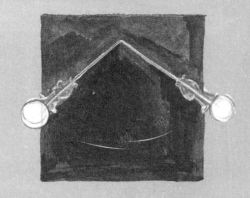

越来越小的钟表

欧洲最早的机械钟用重物提供动力,重物在地球引力的作用下往下落,于是带动钟里的齿轮组转动。等重物落到最下面后,要靠人力把它拉回原处。这种重物叫作重锤。早期大钟的重锤可能就是一块大石头。

66

早期的钟非常大，没有钟面，也没有指针，到点会发出钟声报时。600 多年前，人们制造出了自鸣钟，每个小时都会响，人们听到钟敲响几下就知道现在几点了。后来，钟表匠才在钟上装上钟盘和指针。最开始，钟盘上只有指示小时的时针，那时候人们只要知道大概是几点钟就够了。

螺旋弹簧和发条的发明使机械钟不再需要笨重的重锤，钟表越做越小，钟盘上也开始出现分针。500 年前，人们能随身携带的怀表就出现了。生活在 400 多年前的英国女皇伊丽莎白一世甚至有一块戴在手指上的表。这块表有一个可爱的小闹铃，指定的时间到后，表里会有一支小叉伸出来挠她的指头。不过那时的钟表计时普遍不准。

直到 1656 年，惠更斯制作出了第一台摆钟，用钟摆控制钟表里的核心部件擒纵器，大大提高了时钟计时的准确性。经过不断改进，摆钟的误差从每天 15 分钟减少到 15 秒。后来，惠更斯又发明了游丝——一种控制摆轮运动的细小弹簧。使用了游丝的怀表和手表比以前的表要准多了。这时大部分钟表上都有了分针，随着计时精确到秒，秒针也很快出现了。

从大型钟到小型钟表，钟表也从教堂钟楼、政府机构、商店、银行等公共建筑走进了人们的家中。不过在接下来很长一段时间里，钟表仍然只是富人家使用的东西。

航海计时器

长期以来，在海上航行的人们都盼望着能有一种精确的计时器，这样才能知道船的航行速度有多快，离开港口有多远，船只现在正处于什么位置。

惠更斯的摆钟发明出来后，船员们高兴地把摆钟带上了船。可是，在随着风浪摇摆的甲板上，摆钟的钟摆也乱了方寸，根本没法像在陆地上一样准确地指示时间了。英国人哈里森花费几十年的时间，制造出了小巧便携、计时精确的第四代航海钟——H4。哈里森设计了平衡摆，用弹簧连接两只钟摆，抵消船身摇晃引起的震动，又设计出了摩擦力非常小的擒纵器和不易热胀冷缩的钟摆，轴心用红宝石和钻石制成。海上测试时，这只表在两个半月里仅仅慢了 5 秒钟。

钟表改变了人们的生活

在钟表计时越来越精确的同时，西方社会也发生了巨大的变化。英国等西方国家陆续进入工业社会，城市里大部分人的工作是去工厂上班。他们不能再像以前那样自行安排工作时间了，而是要服从工厂统一的上班时间。机器开动，所有工人都要出现在自己的岗位上。为了上班不迟到，工人需要知道准确的时间，一分钟都不能差。

12 敲开皇宫大门的自鸣钟

400 年前，意大利传教士利玛窦为了能在北京传教，向明朝的万历皇帝献上了 40 多件礼品，其中皇帝最感兴趣的是一大一小两座自鸣钟。

利玛窦向皇帝介绍说，这种钟不需要人们操作，它自己就能走动，上面的指针指示时间，到整点还有铃铛自动报时。皇帝看着指针走动，听着自鸣钟发出的滴答滴答声，非常高兴，并从钦天监挑了4名太监跟利玛窦学习钟表技术。第二年，万历皇帝又让人专门为大钟建造了一座钟楼，安放在御花园里。

至于那座小自鸣钟，万历皇帝更是爱不释手。小钟是每刻报时，一刻响一声，到第四刻响四声。皇帝喜欢把小钟摆在桌上，看指针走动，听它报时。他还从跟利玛窦学习钟表技术的太监中挑出两个来，专门负责给自鸣钟上发条。据说有一次，皇太后听说有人送给皇帝一架小自鸣钟，也想要看一看，便叫人去皇帝那儿把自鸣钟要过来。皇

帝心想，如果皇太后看上了不还可怎么办呢？于是他让太监把钟里管报时的发条松开后再送过去。皇太后玩了几天，见自鸣钟不像人们说的那样会自动报时，没什么意思，便还给皇帝了。

利玛窦用两座自鸣钟敲开了皇宫的大门，如愿以偿地获得了留在北京的机会。从这以后，西方的现代机械钟表开始大量传入中国，苏州、广州等地的手工匠人纷纷开起钟表作坊，学习西方技术制造钟表。皇宫里也设有做钟处，制作了大量构思精巧、造型新奇、装饰精美的钟表。如今，这些钟表有很多都陈列在故宫博物院的钟表馆里。

有表的容易误朝

西方的自鸣钟进入皇宫后，引起了皇族们极大的兴趣。到了清代，皇宫大大小小的宫殿里都陈设有钟表。交泰殿里一座两层楼高的大自鸣钟的指时为整个宫中的标准时间，每个月上一次弦。而同样摆在交泰殿里的刻漏，因为每天都要加水，已经很久不用了。

值班的大臣们也都随身带着表。不过当时的表还不够精准，需要经常维护调校，宫中的钟表有专人维护，个人的表就不一定了。乾隆皇帝在位时，朝廷大臣傅恒不仅家里设有钟表，连仆人们都带有表，平时一起对时，以为不会有错了。一次，正是皇帝上朝听政的日子，傅恒的表慢了，等他不慌不忙来到朝堂上时，皇帝已经在宝座上坐了很久。

不光傅恒一人这样，当时上朝的大臣们，凡是有表的反倒容易误朝，那些准时上朝的都是家里没钟表的。这也说明，光有钟表还不够，人们还需要有统一的标准时间。

13 哥哥的生日比弟弟晚一天

在世界地图和地球仪上，你能看到一条穿过太平洋，连接北极和南极的线，它细心地绕开了大陆与岛屿，避免从任何国家经过，这条线叫作国际日期变更线。

不管是乘坐飞机还是轮船，穿越这条线后，你就从今天回到了昨天，或者是从今天一下子就

到了明天。因为从东向西越过这条线时，日期要加一天；从西向东越过这条线时，日期要减去一天。假设在 2017 年 1 月 1 日这一天，一艘大轮船正从西边朝这条线驶来，船上一名孕妇刚刚生下了一对双胞胎中的哥哥，人们记下他的生日，2017 年 1 月 1 日。这时，轮船驶过了日期变更线，船长把日历往回翻了一页，2016 年 12 月 31 日。几分钟后，孕妇生下了弟弟，弟弟虽然比哥哥晚生几分钟，但他的生日却在哥哥的前一天，甚至还是前一年。

乱成一锅粥的各地时间

不要觉得国际日期变更线给双胞胎兄弟带来了大麻烦，要知道，在没有这条线之前，那才叫麻烦呢！

千百年来，世界各地的人们都不约而同地把太阳在天空正中的时刻称为正午，也就是 12 点。可是，因为地球在不停转动，同一时刻，在不同的地方，具体时间是不一样的。这在过去没什么问题，人们生活在自己的城镇，哪里用得着去管其他地方这会儿是什么时间呢。

可是，当火车飞快地在地区之间穿行时，一切就变得麻烦了。一列火车几点钟发车，几点钟到达终点，中途在哪些时间经过哪些站，都需要有精确的时间，不然大家就不知道该在什么时间去搭火车了。可是，各地都有自己的本地时间，火车站的列车时刻表该用哪儿的时间呢？起初，混乱的列车时刻表把人们赶火车的经历变成了一场噩梦。

而电话发明出来后，一个人要给遥远国家的朋友打电话时，也没法知道对方所在的地方现在到底是白天还是黑夜。

总之，火车、飞机、电报、电话的发明把全世界变小了，人们都期待着能有一个标准时间，方便大家彼此联系。

24个时区

如果全世界都用同一个时间，似乎会更方便。可是，用哪个地方的时间作为全世界的标准时间呢？谁都不愿意放弃自己的时间，我们都已经习惯了中午就是12点。想想看，谁会愿意早上3点起床，上午8点吃午饭，下午6点就上床睡觉？

于是，加拿大工程师桑福德·弗莱明提出，把全世界分为24个时区，每两个相邻的时区相差1小时，以英国格林尼治为零时区，往东、往西各12个时区。在同一个时区里，都使用同一个时间。很快，这个提议得到了大家的认可。现在，我们乘飞机旅行时，每往东进入一个时区，就要把表调快一个小时，这样才能和这个时区的时间统一。如果我们乘坐的飞机向东飞越了日期变更线，就回到了前一天。如果是往西边走，一切都反过来。

中国从东五区到东九区横跨5个时区。东八区的北京中午12点时，东六区的新疆乌鲁木齐是上午10点。根据全世界每个城市所在的时区，我们可以推算出当地时间现在是几点。学会了推算其他地方的时间，我们在给国外的亲戚朋友打电话时就能够挑选合适的时间，不至于大半夜的把对方从睡梦中吵醒了。

14 越来越精确的计时

　　奥运会游泳场馆里，一场比赛正在激烈地进行。泳池里，选手们劈波斩浪，奋勇向前；看台上，观众们呐喊助威，为各自支持的选手加油鼓劲。啊，前三名选手几乎同时到达，到底谁是第一名呢？这会儿谁都还不知道。选手们背靠池壁，仰头看着场馆里的电子计分板，全场观众也屏住呼吸，焦急地等待最后的结果。成绩出来了，最先

到达的运动员以 0.01 秒的优势获得了比赛的冠军！

现在，赛跑、游泳等比赛不光是要争"分"夺"秒"，而是要争夺比眨一下眼睛还要快的 0.01 秒！

古代奥运会的各个项目只比出冠军。1896 年的第一届现代奥运会上开始用怀表计时，但只能精确到 0.2 秒。而且，这只怀表能记录的最长时间只有半小时，马拉松赛跑的时间太长，所以第一届奥运会上所有马拉松运动员都没有具体成绩，只有排名。在人工计时时代，如果两个运动员差不多时间冲过终点，到底谁先谁后，很容易发生争议。到了 1932 年的洛杉矶奥运会，全自动电子计时取代了人工计时，赛跑的成绩也精确到了 0.01 秒。2016 年的里约奥运会上，架设在终点线上的摄像机每秒钟可以拍摄 1 万张照片，能更精准地分辨运动员到达终点的先后。

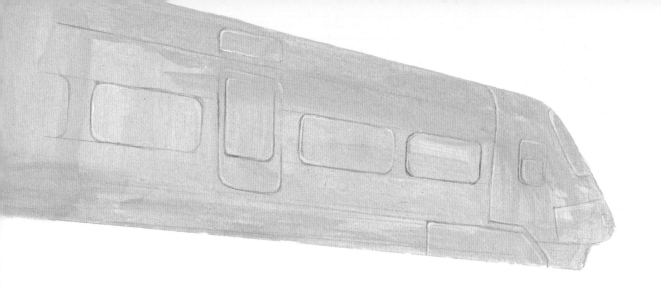

准时发车

日常生活中，我们的时间没必要像奥运比赛那么精确，但和古代相比，时间的精度已经大大提高了，大部分时间都会精确到每一分钟。比如说，现在我们每一节课为40分钟，课间休息10分钟。而在古代，孩子们可能每节课要上一炷香的时间，每次休息便是老师抽袋烟的工夫，或者更加随意，按照老师的心情来。

火车票上，发车时间会具体到几点几分。在早上和晚上乘客最多的时段，地铁两趟列车之间的间隔只有一分多钟，除去停车上下乘客的时间，中间只剩下短短几十秒。所以每一趟地铁列车到站、开门、关门、开车的时间都要精确到秒，如果在某个地铁站里多停了一会儿，后面的车就要撞上来了。

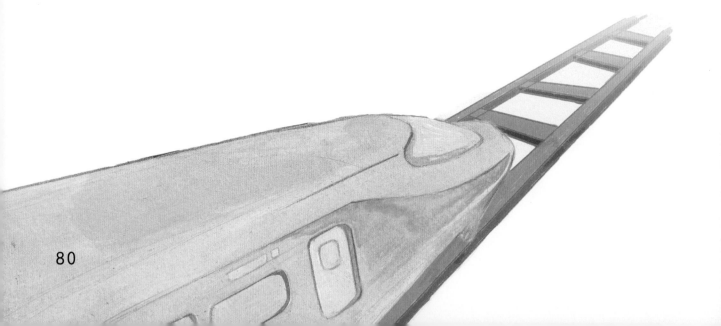

为什么飞机没有火车准时

　　经常坐飞机的小朋友会发现，速度更快的飞机却没有火车准时。碰上雷电暴雪、大雨冰雹、大风大雾的天气，飞机就会晚点。如果有乘客迟到了，飞机甚至还会等乘客。可是火车到点就开，绝不会多停一会儿等乘客都上车。

　　这主要是因为同一条线路上的火车在同一条铁轨上行驶，两趟车之间的间隔时间很短，短的只有几分钟。而同一条航线上的飞机可以在不同的高度飞行，再加上飞机很容易受天气影响，所以飞机的起降时间没有火车那么严格。不过，如果飞机就要起飞了，你还在去往机场的路上，飞机可不会等你。飞机等的是那些已经检完票、行李放到了飞机上的乘客，因为把他们的行李找出来也要花时间，还不如等他们一会儿。

　　不管怎么说，飞机延误总是一件很让人恼火的事，虽然天气原因导致的延误难以避免，但不管是乘客还是空乘人员，都不应该让飞机等。守时是参与公共活动的基本礼仪，是对他人的尊重。

电子表

100 年前，人们根据电磁振荡现象发明出了电子表。第一代电子表每天的误差有 15 秒。石英表也是一种电子表，它用电池提供电力，用石英晶体控制电磁振荡的稳定性，把每天的误差减小到了 1 秒钟。早期的电子表和机械表一样，内部有齿轮，表盘上有指针。后来的电子表用电路代替齿轮，时间直接用数字显示，每天的误差不到 0.1 秒。

原子钟

现在，世界上最精确的计时器是原子钟，它利用原子稳定的微小振动来计时，比如铯（sè）原子每振动 9192631770 次为 1 秒。我国研制的 NIM5 铯原子喷泉钟，即使过去 2000 万年，误差也不到 1 秒。

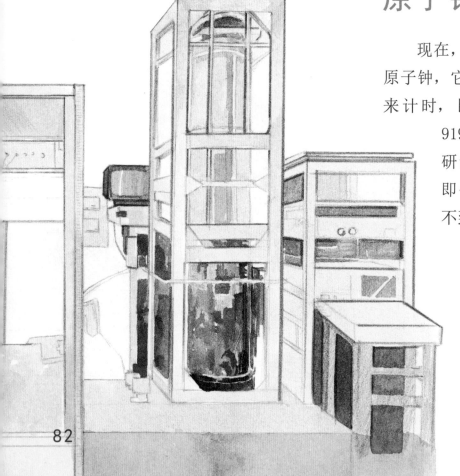

取代手表的手机

现代社会，人们的时间观念越来越强，参加聚会迟到被视为一种不礼貌的行为，赶火车、参加会议等都要具体到每分钟，上班的人到点打卡更是一秒钟都不能晚。

不过，现在大部分人都不戴手表了，因为在人们随身携带的手机上都有时钟。手机上的时间是从哪里来的呢？

手机上的时间来自通信网络，它会定时更新，和网络上的时间保持一致。人们带着手机进入另一个时区，手机还会自动更换时区。那么，网络上的时间又是从哪里来的呢？

我国各个时区统一使用的标准时间——北京时间，是从国家授时中心发播出来的。位于我国中心地带陕西的国家授时中心，根据一组原子钟计算出精准的原子时间，再结合国际计量局的计算结果，产生标准的北京时间。

可以测量的最小时间

可以测量的最小时间是 0.000000000000000000000000000000000000000001 秒，不用数了，小数点后面总共有 42 个 0。这个数字是德国科学家普朗克计算出来的，这个极小的时间单位被称为普朗克时间。

15 生物钟

　　从最古老的日晷到最精确的原子钟，我们知道了各种各样的钟表。其实，还有一种神奇的钟存在于人类、动物和植物体内，那就是生物钟。

　　生物钟控制着动植物的活动，使它们到了特定的时间便会自然而然地做特定的事。而且，像普通钟表一样，生物钟使动植物的许多活动呈现出循环往复的规律性。

人体里的生物钟

我们的身体里竟然有一块钟表？听上去似乎有些令人难以置信，但事实上就是这样，我们虽然听不到它滴答作响，但它时刻都在控制着我们的生活节奏。

比如说，如果你每天都在差不多的时间上床睡觉，那么早上你也会在差不多的时间醒来。上午上最后一节课时，你会觉得饿。晚上九点多钟，困意就会袭来。这都是人体内的生物钟在起作用。

生物钟和白天黑夜的交替节奏保持一致，也是 24 小时一个周期。我们经过长途飞行到达另一个国家后，可能会晚上睡不着，白天却昏昏欲睡，需要用一两天来倒时差，就是因为我们的生物钟被打乱了。

人的身体内不光有一天的生物钟，还有一月、一年甚至一生的生物钟。科学家研究发现，人从出生之日算起，存在着 23 天为一个周期的体力盛衰，28 天为一个周期的情绪波动，33 天为一个周期的智力强弱。所以，人们有时会觉得自己身体特别棒，浑身都是劲儿，有时候又情绪低落，容易发脾气。不过，你有没有发现，在一个多月里有几天自己特别聪明呢？如果考试正好在这几天该多好！

85

自然界里的生物钟

在自然界里，存在着各种各样的生物钟。

一棵大树被锯倒后，你能在截面上看到一圈圈圆形的纹路，这就是大树的年轮。年轮有多少圈，就说明这棵树有多少岁了。

根据各种花儿在一天中不同时间开放的习性，瑞典植物学家卡尔·林奈制作了一套鲜花钟：凌晨4点，牵牛花开放；早上7点，芍药花开放；晚上8点，夜来香开放；9点，昙花开放。昙花开放三四个小时后就会凋零，有个成语叫"昙花一现"，比喻美好的事物转瞬即逝。

涨潮落潮时，牡蛎的贝壳会每小时打开4分钟。即使把它们带到远离海洋的地方，它们也能测算出这里如果有海，海洋潮汐涨落的时间。据说这是因为牡蛎能感应到引起潮汐的月球引力。

每天天刚亮，鸟儿们就开始鸣叫。秋天，燕子、大雁、丹顶鹤飞往南方，第二年春天再飞回来。冬天，熊会钻进洞里睡一个长长的觉。夏天，北极兔的毛是灰褐色的，到了冬天会变成白色，好隐藏在冰天雪地的环境中。还有一种十七年蝉，它们的幼虫要在土里生活17年，再爬出地面。所以每隔17年，这种蝉就会有一次大爆发。

如果你生活在四季分明的地区，如果你愿意花更多时间去接触大自然，如果你喜欢细致地观察生活中常见的各种动物和花草树木，就能发现许许多多时间流逝的细节，发现时间变化之美。

16 有时快有时慢的时间

你有没有发现，和爸爸妈妈相比，你会觉得时间过得慢一些。

每当一年过去，妈妈可能会说，这一年怎么这么快就过去了！很久不见的亲戚见到你总会说，哎呀，都这么大了，长这么高了！而在你的感觉里，刚过去的这一年好长呀，你每天都要去上学，在学校交了一些新朋友，学了很多新知识，你上了绘画班，学会了游泳、玩滑板，还和爸爸妈妈去了很远的地方旅行，等等等等。而那

些说你一下子就长到这么高的亲戚会让你觉得莫名其妙——你可是一点儿一点儿才长到现在这么大的。

这种感觉上的不同就在于成年人和孩子对时间的感受是存在差异的。如果你今年8岁，妈妈36岁，那么，刚过去的一年是你生命长度的1/8，如果3岁前的事情你基本上都已经忘记了，在你的感觉中这个数字还会变成1/5。但一年仅仅是妈妈经历过的时间中的1/36。想象两个同样大小的生日

蛋糕，你的分成8份，妈妈的分成36份，你的每一份蛋糕是不是比妈妈的要大多了？

还有一种观点认为，人年纪越大便觉得时间过得越快，是因为他们的脑子变慢了，相比之下周围的一切都变快了，所以时间也就过得更快了。

不光是大人和小孩在对时间的感受上存在差异，同一个人在不同的情境下对时间的感受也是有差异的。比如说，通常，你会觉得周末两天比上学的两天过得要快，体育课比其他坐在教室里上的课过得快。再想象一下，一堂你平时挺喜欢的课程，这天你却遇到了一点儿小麻烦，你突然想要上厕所，又不好意思跟老师请假，而且，离下课只有五分钟了。这时，周围的同学们仍像往常一样平静，而你却是如坐针毡，老师在讲些什么你已经完全听不进去了，只盼着快一点儿下课。可是，黑板上方的钟好像快停了一样，秒针好半天才走一格。你从来没觉得五分钟这么长……

提出了相对论的大科学家爱因斯坦曾经这样通俗地解释他的理论：当你坐在烧得火红的炭炉上时，一秒钟就像一小时那么长。

所以说，如果你想让难熬的时间过得快一些，比如上自己不那么喜欢的课，最好的办法就是爱上它。而且，我们现在好好学习各学科的知识，培养多方面的爱好，养成独立思考的习惯，开阔眼界，提升能力，长大后才能更自由地选择自己热爱的工作。

坐过山车的人和看过山车的人

在游乐园看别人坐过山车时，只见过山车在架在空中的轨道上飞速狂奔、俯冲、拐弯、转圈，伴随着呼啸声、惊叫声，眨眼工夫就跑完了全程。

可是对于坐过山车的人，就大不一样了。他们坐在座椅上，隐隐担心安全压杠会不会半途松开。当过山车缓缓爬升到最高处，有那么一会儿，时间似乎停滞了。突然，过山车的车头往下一低，沿着陡直的坡道往下冲去，速度越来越快，耳边风声呼呼而过，周围惊叫声连连。啊，前面没有路了！大家似乎要和过山车一起飞到空中。这时，过山车猛地一拐弯，座椅从侧面重重挤压着人们的身体。过山车像失

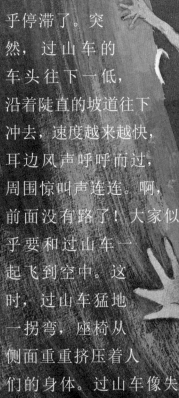

控的野马，在悬空的铁架上肆意狂奔，接着冲上了大回环，整个世界一下子翻转过来，那股把人们死死按在座椅上的巨大力量突然消失了，人们觉得自己像一片羽毛悬浮在空中，眼里只有蓝得耀眼的天空……

总之，细致具体的感受会让时间变得更长。

但事情也许没有这么简单。爱因斯坦认为，在高速运动的情况下，时间会变慢。这个理论称为时间膨胀。在科幻电影《星际穿越》中，主人公库珀接受了一项拯救

全人类的任务，和几位同伴一起离开地球，驾驶高速行进的飞船穿越星际，去外太空寻找适合人类移民的星球。他离开时，他的女儿还只是个小女孩，而等到他回到地球时，女儿已经比他还老了。这就是因为时间膨胀，库珀的时间变慢了。

时空弯曲

我们生活在一个有长度、宽度和高度的世界里，也就是说，有上下、左右和前后，这称为三维空间。3D 电影的3D 指的就是三维。三维空间再加上时间，成为四维时空。最新的理论认为，宇宙有十一维时空，在大爆炸时，我们能感知的四维长成了今天的样子，而另外七维则保持着卷缩的状态。

巨大的引力会使时空弯曲，特别是在质量非常大的物体附近，时空会弯曲得更加厉害。时空弯曲时，不同地方时间流逝的速度会不一样。

吞噬一切的黑洞

　　黑洞是质量非常大的天体。一些质量很大的恒星在耗尽燃料后，会在自身引力的作用下塌陷成为黑洞。巨大的引力会使黑洞周围的时空发生极度扭曲，时间几乎停滞了。有些科学家认为，穿过黑洞就能到达另一个宇宙。

　　黑洞并不是黑色的，它的体积极小，但质量和密度都非常大。黑洞能把靠近它的所有物质通通吸进去，连光线都无法从里面逃逸出来，所以人们根本看不到它。

时间会有尽头吗

时间是不是有尽头，这取决于宇宙将会走向何方。

宇宙间除了发光的恒星、气体（占整个宇宙的 0.5%）和不发光的普通物质（占整个宇宙的 4%），还存在着许多我们看不见的物质，这些物质被称为"暗物质"，大约是看得见的物质的 6 倍。

科学家们通过观测发现，现在的宇宙正在以越来越快的速度膨胀。人们推测，这是因为宇宙间有一种我们看不见的力量在把星系推得更远。这种能量占整个宇宙的 68%，被称为"暗能量"。与暗物质、普通物质相反，暗能量对周围的一切物体都具有排斥力。

宇宙将来会如何发展，可能就取决于暗能量会发生什么变化。如果它不变，宇宙就会一直膨胀下去，而且速度越来越快，我们现在能看到的绝大部分星星都将越来越远离我们，宇宙将变得越来越稀薄。星星们燃烧殆尽后，熄灭、冷却，整个宇宙的温度越来越低，直到接近绝对零度。到那时，时间和空间虽然仍然存在，但已经毫无意义。这种情形叫作大冻结。

与大冻结相反，如果暗能量发生变化，引力成为压倒一切的力量，宇宙就会停止膨胀，转而开始收缩，直到最后收缩为一个点，恢复到大爆炸发生之前的样子，宇宙不复存在，时间也就此终结。这种情形叫作大坍缩。

另外一种可能是，宇宙在收缩到一定程度后又开始膨胀，膨胀之后又收缩，就这样循环往复，无休无止。如果是这样，那宇宙就将永远存在，时间也不会有尽头。

值得庆幸的是，不管哪一种惊天动地的变化，都离我们现在的生活相当遥远。

17 到过去和未来去旅行

在浙江衢州东南边，有一座山名叫烂柯山。关于这座山的名字，流传着这样一个故事：

传说西晋时，山下住着一个叫王质的农民。一天，他到山里去砍柴，看到一棵大树下有两位老人在下围棋。王质也喜欢下棋，于是他把砍柴的斧子放在地上，站到棋盘边看老人们下棋。

两位老人边下棋边吃一种像枣一样的东西，顺手也递给王质一个。王质吃了那个枣后，似乎就饱了。过了一会儿，一盘棋下完了，老人对他说："你也该回家了。"王质便去拿自己的斧子，没想到原本结实的木头斧柄竟然变成了一根朽木，手一碰就碎成了粉末。王质心里暗暗吃惊。

王质下山回到村子里，只见村子和他离开时已经大不一样，村里的人他也一个都不认识。他向人们打听自己的父母，才知道他们在 100 多年前就已经死了。

后来，人们就把这座山叫作烂柯山。"柯"就是斧头柄的意思。而山上老人们下的围棋也得了"烂柯"这个别名。

如何回到过去

在上面这个传说中，王质像是进入了一条神秘的时间隧道，向未来穿越了100多年。那么，我们真的能到过去和未来去旅行吗？

或许你已经知道了，我们在夜空中看到的那些星星离我们都非常遥远，许多星星发出的光走了成百上千年才到达我们的眼睛里，也就是说，我们现在看到的都是这些星星成百上千年前的样子。

如果某个离地球100光年远的星球上正好住了一群外星人，你透过一架大得不可思议的望远镜看到了这群外星人——对，你看到的是100年前的外星人。如果你能坐上一种速度非常快的飞行器，它的速度比光速还要快得多得多，几乎在一瞬间，你就到达了100年前的那个星球。他们那儿正好也有一架大望远镜，你用它看看地球，你看到了什么？没错，100年前地球的样子。这时你赶紧坐上飞行器，几乎在一瞬间就回到了地球，你就成功地回到了100年前！

所以，如果我们要想回到过去，就要造出一种速度比光速还要快得多的时间旅行机器。不过这是不可能的，因为根据相对论，宇宙中最快的速度是光速。

神秘的虫洞

也许，进行时间旅行根本不需要什么速度很快的交通工具。

在很多科幻小说中，人们都设想过一种神秘的洞穴，它可能是大树底下的一个洞，也可能是家里的衣柜，总之，就是一条可以穿越时空的隧道。

科学家们也设想出了这种隧道，并把它称为虫洞。虫洞连接着两个不同的时空，这边是现在，那边可能是 100 万年前，也可能是 10 年之后。通过虫洞，我们就可以实现时间旅行。但有些科学家则坚定地认为，时间旅行是不可能实现的。

时间旅行的矛盾

假设有一个小偷回到了 40 年前，半夜潜入一个屋子里想偷点儿什么东西。这时，房间里的小女孩醒了。情急之下，小偷杀了这个女孩。但当他看到床头桌上小女孩的照片时，他大吃一惊，因为他清楚地记得，自己家有一张妈妈小时候的照片和这张照片一模一样。也就是说，这个小女孩是他的妈妈！他的妈妈还是小女孩的时候，就被一个入室盗窃的小偷给杀了，那她根本就没有机会生下他，他也就不应该存在。

这样的矛盾该怎么解释呢？

再举一个例子。《红楼梦》是一本好书，老师说大家都应该看一看，你家里正好也有一本。一天，你带着这本厚厚的书往前穿越了 200 多年，把它送给了这本书的作者曹雪芹。当时，曹雪芹还没有开始写《红楼梦》。他收到这本书后看了一遍，觉得这书写得很好，于是铺开纸笔，把整本书从头到尾抄了一遍。后来，曹雪芹的朋友们在他家看到这些稿子，就把它

们印成了书。这本书受到了很多人的喜爱，慢慢传开了，并且一代一代地传下来，成了中国文学史上的经典。如果时间旅行说得通，上面说的这些事完全都是有可能发生的。但现在问题来了，《红楼梦》到底是谁写的？曹雪芹并没有创作出这部名著，他只是把别人送给他的书抄了一遍。《红楼梦》成了一本没有作者的书。

如果我们可以任意回到过去去旅行，而每个回到过去的人都忍不住做点儿什么会改变历史的事，比如，把打火机带给还不会用火的原始人，刺杀年轻时的希特勒（他后来发动了第二次世界大战，7000万人在这场战争中死去）……那么，现在的世界会变成什么样子呢？

现在的世界是什么样子我们都已经看见了，但经过那些回到过去的家伙七手八脚地干预历史，世界必定会变成另外一种样子，甚至另外无数种样子。世界是现在的样子，又不是现在的样子，这不是很矛盾吗？但有些科学家猜想，存在一种平行宇宙，使这一切都成为可能。

有的科学家认为，人们不可能回到过去，但是到未来旅行倒是有可能的。如果一个物体运动的速度接近光速，它就可以把人类送往未来。因为高速旅行会使时间变慢，如果人们坐上接近光速飞行的宇宙飞船飞向遥远的星系，按飞船上的时间，来回的旅程只需要几年，而这期间地球上已经过去了几千年，人们再回到地球时就已经到了未来。但另外一些科学家的观点正好相反，他们认为人们可以到过去旅行，却不能去到未来。因为过去已经存在过，而未来的一切都还没有发生。

到底谁对谁错，谁知道呢？反正科学家们也经常犯错。如果时间旅行是行得通的，随着科学技术的发展，将来的某一天，或许会有旅行者成为我们这个时代的不速之客。到目前为止，你还从来没见到过他们，是吗？

没准儿有一天，会有一个小朋友这样跟你打招呼：

嗨，你好！

我来自公元3018年，你们这个时代好玩儿吗？